U0021302

Oh !

Kokoma

馬林糖奇想

meringue

From Kokoma......

開始做馬林糖，是因為製作糖霜餅乾時，總會剩下一點點蛋白，只需要加糖就能烤出這些粉嫩的小糖果，不管送給朋友或拿來裝飾蛋糕，馬上讓氣氛變得可愛繽紛，就這樣，只是利用剩料的製作了好些年，從法式作法到義式，再到現在最常用瑞士作法，上一本進階糖霜書準備出版的期間，為了製作書裡拍攝的作品，又留下了好多零散蛋白，每次都順手將它們製作成不同的造型跟顏色，意外玩出更多有趣的心得。

　　隨著馬林糖作品一個個的放上網路，越來越多人問馬林糖怎麼做才能這麼光滑可愛，也隨即收到許多出版的邀請，但當時我覺得自己只是會做，但沒有把所會的統整分類歸納成系統，沒辦法做成書，所以取而代之的是全力投入製作馬林糖，一盤兩盤，五盤十盤，百盤千盤，用每次實驗的參數確認我的馬林糖作法的每個變因都可以控制，直到看見烤焙成品就可以本能的看見問題。真的很感謝麥浩斯的貝羚主編，總是溫柔耐心，一直等到我覺得自己真的瞭解馬林糖，才開始了這本書。

　　也非常謝謝攝影的正毅大哥，獨有的美感讓我的馬林糖變得更有質感，平常我只會拍出的顏色和形狀，大哥則是把它們拍得好高貴。每次有幸跟各領域的人們合作，都覺得自己實在非常幸運，因為喜歡甜點讓我的世界越來越寬這件事，從來不會停止，希望把這份感謝回饋給一樣喜歡烘焙的大家，真心感謝。（鞠躬）

kukoma
2017.10

contents

Learn About Basic

Column

Fun with Meringue

Learn About Basic

材　料	蛋白	35g
	糖粉	60g

蛋白：糖粉重量比可以在 1:1 ～ 1:3 間。糖量越低，馬林糖越酥、外皮越薄、越易受潮；糖量越高，則越硬脆、外皮亮實，保存較為方便。

除了基本的兩種材料外，為了降低甜膩，可添加數滴檸檬原汁或一小撮鹽，想要增加香氣，則可添加香草莢醬或刨入檸檬皮碎，這些都在打發蛋白霜時一起加入即可。

但如要添加粉類風味，例如抹茶粉，需在完成蛋白霜的打發後輕柔拌入，避免消泡。

Notice !
準備的打發容器空間要夠，因為蛋白霜會變成蛋白好幾倍的體積。

工　具　｜　一個用來裝水、製造穩定蒸氣的小鍋子
一個材質較厚、不易升降溫太快的打蛋碗
電動攪拌機及小刮刀

Notice！ 蛋白不能沾染蛋黃或其他油脂，所有接觸到蛋白的
鍋具及工具需乾淨、無水無油。

1　2
3　4
5　!

融化糖粉

1. 將糖粉倒入蛋白中。
2. 一次全部倒完。
3. 小鍋子裝 1/4 的水加
熱到微滾。
4. 火力調到最小，放上
蛋白混和物。
5. 用小刮刀慢速不發泡
地攪拌混合物。

Notice！
新手不要使用打蛋
器攪拌，容易在糖
還沒融化時就把蛋
白打發，烤出來會
有洞洞且很黏手。

6　6
7　!
8　9
9　9

6. 從四周往中間帶入攪拌。

7. 糖粉會漸漸融化。

8. 攪拌融化的過程注意不要過度起泡。

9. 糖粉全部融化就離火。

Notice！
加熱過程需使用穩定的溫和蒸氣且持續攪拌，如蒸氣過猛、溫度太高，蛋白將被煮熟，注意加熱過程需低於 70 度。

Notice！
如果刮刀攪拌時感覺碗底還有沙沙的顆粒，表示糖粉還沒有溶解。

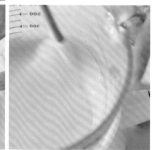

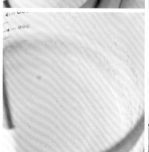

Notice！
溫度高時就打發，
容易得到過度充氣
的蛋白霜，烘烤時
表面會產生皺縮或
黏手的狀況。

1	1
1	2
!	3
4	5

完成蛋白糖漿

1. 確認融化為無粉的濃
稠糖漿。
2. 此時溫度偏高，約為
60-70 度（觸摸容器底
部會燙手）。
3. 等待糖漿稍微降溫。
4. 此時的狀態為流動糖
漿，看起來是米黃色。
5. 待溫度降為45-50度。

1 1 1
1 1 1
1 2 3

打發

1. 開始以低速打發。
2. 至整體澎發但仍會滴落的狀態,改中速攪打。
3. 打至柔軟但不滴落的程度。

1   2
2   3

調色

1. 調色，在這時可加入需要的顏色。
2. 攪打至顏色均勻。
3. 打發程度為拉起小軟勾即可。

Notice !
馬林糖打發的程度以輕盈軟勾為佳！如未
達軟勾，擠出時會癱軟扁平流開沒有形狀；
如打到過硬，容易產生表面不光滑、裂紋
多的狀況。

1　2
3　4
5

裝入擠花袋、烘烤

1. 用刮刀將四周蛋白霜與中間輕柔畫圈整理。
2. 裝入擠花袋。
3. 擠在舖烘焙紙的烤盤。
4. 放入已預熱 90 度的烤箱中層，依馬林糖大小，烘烤 1-3 小時。
5. 烘烤時間到後，確認馬林糖底部是否乾爽，若仍然未乾就要繼續烘烤到乾爽。

馬林糖烘烤溫度多在攝氏 80-120
度間，需要因使用的烤箱進行微
調；溫度過低不易烤乾烤透，溫
度過高則會造成開裂甚至上色。
當次的打發程度，也會影響需要
的烤焙溫度，通常若打得過發，
就使用稍低溫度避免破裂。

馬林糖是很單純的蛋白打發甜點，
尤其不使用塔塔粉等輔助劑，需
在消泡之前進入烤箱。

刮刀過度攪拌、或揉捏擠花袋或
手溫過高，或拌入油脂酸鹼等材
料，例如可可粉，都會使消泡速
度變快，需特別注意。消泡的蛋
白霜會在加熱後呈現不平整表面。

馬林糖的三種做法

法式馬林糖的作法是最方便的，只要準備好蛋白跟糖，像做蛋糕時打發蛋白一樣，邊打蛋白邊加入糖，直到形成足夠的澎發程度就可以了。

由於是直接打發，法式蛋白霜的氣泡最不穩定，也容易消泡，製作速度跟打發程度要拿捏好比較容易成功。法式馬林糖充滿空氣感，成品比較大且輕，烤焙透徹的成品有入口即化的特質。

義式
Italian Meringue

義大利式的作法,是三者中最難製作但最穩定的一種,必須先將糖加水煮成糖漿,溫度可以在 110-120 間,邊打發蛋白,邊趁熱沖入煮好的糖漿,一直到成為光澤感的蛋白霜。

由於義式蛋白霜的作法是先以糖漿燙熟蛋白,保濕性增強會讓成品相對質地軟身口感清爽,故常常搭配在其他食譜多於單獨製作成馬林糖,例如放在檸檬塔上的用火槍輕燒的蛋白霜常是這個類別。

瑞士
Swiss Meringue

瑞士作法不是直接打蛋白,也不用煮成熱糖漿,而是採用隔水加熱的方式來製作,作法介於法式和義式之間,這也是書裡使用的方式。

這樣製作的蛋白霜是最黏亮的,質地挺發、較法式不易消泡,烤出來的成品架構綿密,外殼也比較堅硬,適合單烤裝罐相對不易碰碎,外殼特性也使它比前兩者不易受潮。

1	*2*	*3*
4	*5*	*6*
7	*8*	*9*

| 擠出一顆馬林糖 |

1. 在高於紙面的固定位置擠出。

2. 碰到紙面做出底部。

3. 繼續擠出使其變胖。

4. 擠花袋都是定點不動，只有施力。

5. 邊擠邊看是否達到喜歡的胖度。

6. 如已經達到就停止擠出。

7. 將花嘴往上移動。

8. 持續往上，把蛋白霜拉斷。

9. 一直到斷開為止。

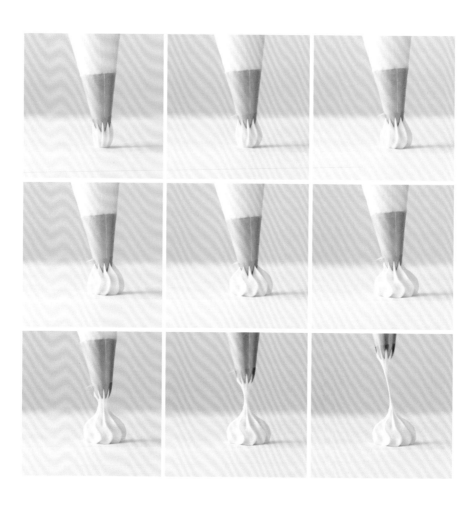

10　11　12

10. 回彈的蛋白霜形成小彎勾。
11. 裝飾喜歡的彩糖。
12. 黏於馬林糖的表面。

擠出馬林糖是一件很療癒的事，每個小胖子都帶有可愛的彎彎勾，排排站在烤盤像要參加升旗典禮。

馬林糖的形狀並沒有什麼規定或依據，高瘦矮胖隨人喜愛，若喜歡胖一點，就把花嘴靠近紙或擠大力一點，相反的，若喜歡高瘦的，就離紙面稍遠，給它一個高度，並且注意不要擠出太多以免橫向發展。

打好一管蛋白霜，中間也可以套上不同花嘴擠出，增加更多製作趣味及收穫時的豐富感。

| 馬林糖的造型師 |　擠馬林糖使用的花嘴，沒有規定的編號或尺寸，
圓形會依照花嘴使用的大小，出現相對的成品，
齒型（星型）花嘴則從齒距決定間隔相鄰的程度，
以及從齒爪長短決定內凹處的深淺。

齒距小且短的花嘴　　　　　　基本的圓形花嘴

齒距小而長的花嘴　　　　　　　齒距大而長的花嘴

| 高一點矮一點 |　　　花嘴除了可以擠出單顆，也可以利用畫圈或重疊
的方式增加更多造型。

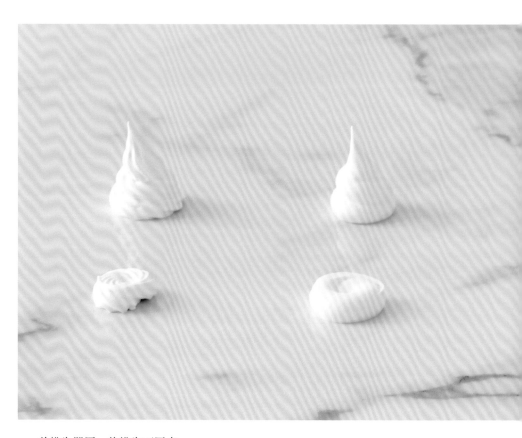

前排為單圈，後排為兩圈半。

常見平面畫圈可以做出玫瑰（meringue rose）、
或加了紙棍做成棒棒糖；疊高最常見就是用圓口
花嘴製作萬聖節的幽靈，和齒狀花嘴做出來的聖
誕樹了。

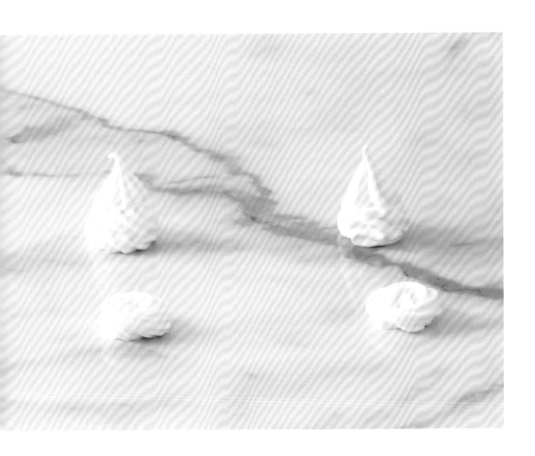

| 色彩可以隨意組合 |

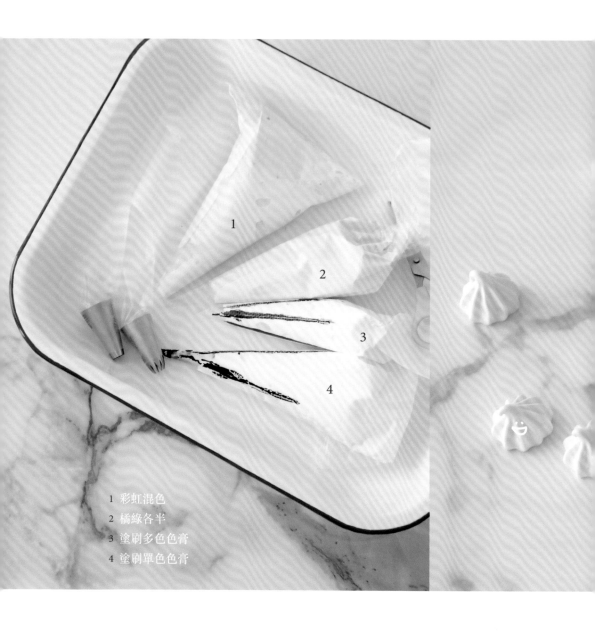

1 彩虹混色
2 橘綠各半
3 塗刷多色色膏
4 塗刷單色色膏

多色的色膏塗刷效果，表
面呈現艷麗的顯色。

單色的色膏塗刷，帶點
簡約時尚的個性。

橘綠各半擠出時會規則
的二分。

彩虹混色擠出為不規則
顯色。

| 切開來看看 |　低溫烘烤的馬林糖，外表跟內心顏色是相同粉嫩的喔！若切開看見內裡保持原本的調色，外表卻顯得褪色或暗沈泛黃，都說明可能使用了過高的溫度，需每次降低 10 度去調整適合自家烤箱的最佳溫度。

馬林糖的烤焙跟乾燥是由外而內的，若喜歡吃硬脆的餅感，就必須烤到內部完全脫水的程度才出爐；若喜歡內心微軟，有一點點棉花糖的軟嚼感，就在喜歡的濕度出爐、不要烘至全乾，當然前提都是在馬林糖外殼已經定型可以拿取的狀態。

烤得越乾，發泡組織整體會定型，切開就越密實沒有大孔隙；烤得比較軟心，內部因沒有定型會產生回縮，所以切開會看到大小不同程度的孔隙。

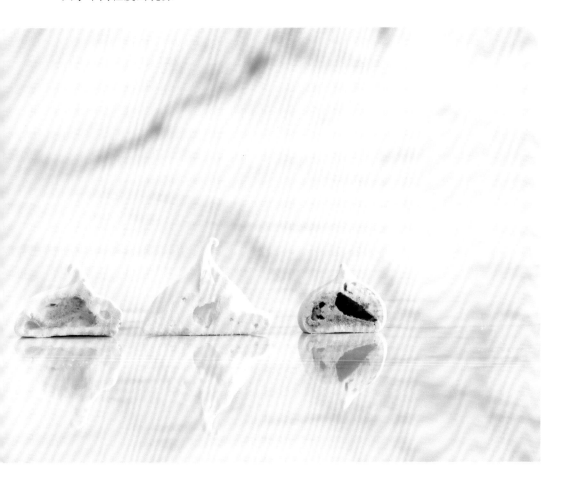

1 2 3		**不規則也很好看**
4 5 6	
7 8 9	

1. 用湯匙舀起打好的蛋白霜。

2. 用另一支湯匙切去過多的份量。

3. 兩支湯匙互相整理。

4. 像要刮下一球冰淇淋的手勢。

5. 整理到整體圓滑。

6. 推落在烘焙紙上。

7. 繼續製作下一湯匙。

8. 每個份量盡量相同。

9. 記得保持湯匙背的乾淨。

10   11

10. 才能俐落地製作。
11. 一直到全部做完。

隨興用匙的馬林糖造型很有自己的姿態，
同時也適合需要拌入一些顆粒較大，
不適合套花嘴擠出、容易塞住的配料，
比如堅果碎、乾燥花瓣、茶葉、巧克力碎、葡萄乾或杏桃乾、
較粗的柑橘皮絲、醃漬柳橙丁、餅乾屑、棉花糖或軟糖丁等等。

| 幫馬林糖加點味 |

調入馬林糖的加料其實很隨意，只要注意幾個大前提，發揮創意，就能做出屬於自己的風格味道。

① 不要帶有太多水分，例如新鮮水果。馬林糖的製作重點在於盡量烘乾，加入太多水分會使過程變得無限延長，甚至在烘烤期間水解蛋白霜使其潰不成形。

② 避免過甜的材料，例如沒有風味只有甜味的糖。馬林糖已是高糖的甜點種類，更多的糖分可能造成更加膩口，當然嗜甜的人不在此限。

③ 烘烤中會溶解的種類，例如一般不耐熱的巧克力。普通巧克力在室溫以上就會從固態轉化成流態，因此在烘烤中可能從蛋白霜中脫離出來；書中使用的巧克力為水滴耐烤巧克力，可以耐受較高的溫度。

④ 加入會增快消泡的材料時，需加速製作，例如可可粉。如同做蛋糕一樣，可可粉中的可可脂容易帶來消泡影響，故拌入蛋白霜時需要拿捏份量、力道與製作時間，儘可能在蛋白霜仍然強健的時候送入烤箱。

⑤ 過粗不易食用的材料，例如大片的乾燥香草。植物纖維可以預先切碎或者打碎再加入，粉碎的香草或茶葉在加熱過程中也會釋放更細緻的香氣。

帶苦味的無糖可可粉與抹茶粉，是非常適合馬林糖的風味材料。可在蛋白霜打好之後，將篩好的粉加入，輕柔地拌，讓粉末及顏色均勻，加入份量就按喜歡的濃淡，兩者拌入方式相同，注意可可粉類的油脂會增快消泡，動作要稍微加快才容易保持馬林糖的形狀。

- dark chocolate
- white chocolate
- Camamel chocolate

三種口味的巧克力水滴一起加進來，
是滿足各種風味可可迷的綜合驚喜
包，製作時拌入一點點鹽會更提味！

Earl Grea tea

mint

生活中常見的茶葉與乾燥香草，都是
添加風味的好提案，將比較大的片狀
切碎或磨碎，細粉類則可直接使用，
來一場馬林糖的芳香之旅吧。

烤溫判斷

馬林糖的烤溫需要依照不同的烤箱或不同的打發及消泡程度去抓。

通常不穩定的蛋白霜會需要低一些的溫度，避免爆開及裂痕；但太低的溫度會造成受熱期間後繼無力的內凹萎縮。

最適合每個人的溫度真的需要大家多一點點耐心去嘗試跟記錄。

豆知識！馬林糖小課堂

每次的失敗都離成功更近，
希望大家都能做出心目中喜愛的馬林糖！

蛋白或蛋白粉？

生蛋白做馬林糖，有些人會擔心蛋白中的沙門桿菌，其實中心溫度被加熱到 70 度以上就無須擔心，如果真的疑慮，可以用乾燥蛋白粉來取代新鮮蛋白。

比例是 5 克的乾燥蛋白粉（純乾燥蛋白粉 meringue powder）＋ 30 克的溫水調勻＝就可以當作一個 35 克的新鮮蛋白使用。

而有些人對蛋白味道敏感，使用新鮮雞蛋基本上不會有味道，如仍然介意可加入些許檸檬汁或香草精，但新手加入份量要少，以免影響架構造成消泡問題。

烤焙程度

馬林糖的烤焙程度視各人喜好可以調整，基本上只要底部乾爽，就說明它已經定型了外殼。

以 10 元硬幣大小來說，
烤 1 小時的口感中間是濕軟的，
2 小時通常不濕了但帶點黏牙嚼感，
3 小時一般是整個乾爽，像小餅乾那樣。

越乾燥，保存的時間越長，但也要注意防潮，避免放在濕熱高溫處。

沒有電動打蛋機？

雙手萬能，用手持打蛋器也可以製作，只是過程手會比較痠一點。製作過程都一樣，但建議使用小份量，比如 20g 的蛋白加上 30g 的糖，比較能夠順利利用手打發，來吧！這是瘦手臂的甜點小運動。

保存方式

馬林糖的保存只有一個重點是保持乾燥。烤全乾的成品可以放在密封容器盡快吃完，放幾包乾燥劑會更好。未烤全乾成品不能密封，密封會造成容器內小空間的濕度驟增，最後大家都黏在一起或外層溶解。

Fun with Merin ue !

擠出圓圈狀並貼上烤好的各種馬林糖。
是甜甜的繽紛小花圈，帶來一個可愛的粉色午後。

斜著擠出水滴狀的樣子也很可愛。

如果沒有彩色糖片，撥碎
一些各色的馬林糖吧！

用圓形花嘴疊圈圈擠出的小蜂窩。
蜜蜂的作法是擠一個綠豆大小的身體，
用牙籤畫上調成黑色的蛋白霜，
黏上小圓糖片或杏仁片做翅膀，
也可以點上兩粒小眼睛。

黏著小熊餅乾去烤的馬林糖，
多了一種趣味的故事性，
紅紅綠綠是聖誕節快要到了嗎？
還是靦腆的小熊太害羞，
躲在一個彩色冰淇淋後面呢！

幽靈增高了身體，南瓜則是在擠花袋擦上一些橘色色膏，讓它形成渲染的紋路。

如果萬聖節沒有糖就得搗蛋的話，來點橘白的馬林糖吧！

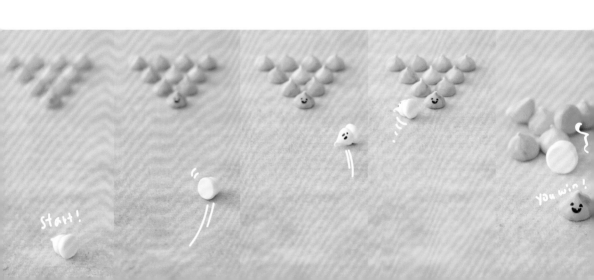

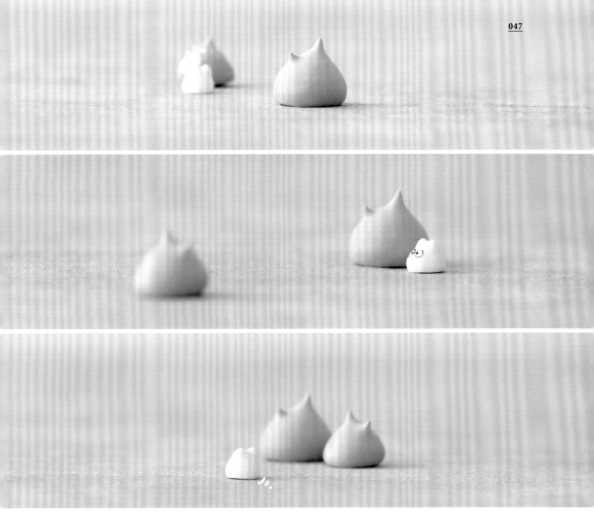

拉出兩個尖耳朵的灰色胖水滴，
有著圓眼睛和軟肚肚小鬍鬚。

底部最大，然後花嘴稍微升高，再擠一個中的，最後升高再擠一個小的，這是最簡單的層疊。套上綠色就可以做聖誕樹了，記得撒上一些星星糖片唷。

如果要做棒棒糖，就先在烘焙紙上擠一些蛋白霜，將紙棒黏好，再從中心往外繞圈擠，背面要是不黏，烤好後很容易脫落。

長出耳朵的是什麼呢？
我猜是兔子。
兔耳的收尾不要拉太尖，
否則它們會看起來比較邪惡一點。

強烈顏色的色膏塗刷，能帶來糖果般的成品，
如果希望顏色非常厚實，可以用長竹籤塗刷，
長竹籤不像筆刷會打薄色膏塗刷的厚度，
比較容易得到飽和的正色條紋。

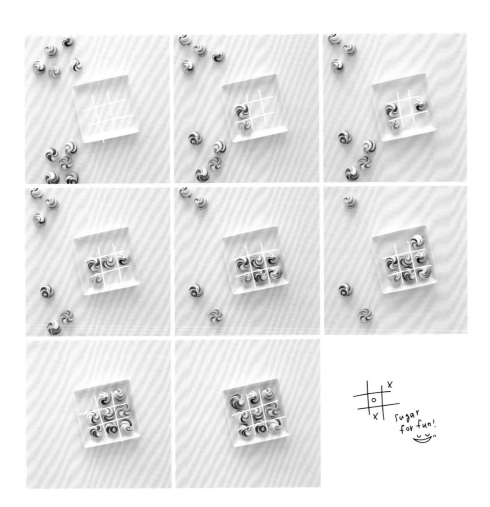

馬林糖最簡單的妝點就是在擠花袋塗上色膏，
色膏的厚薄，會決定馬林糖擠出後顏色的飽和程度，
需要鮮豔正色就要以長竹籤塗厚條，
需要飄渺淡出就用筆刷擦薄條。

現成的糖果餅乾都是很容易取得的裝飾材料，
一來增加造型和顏色，二來也添加風味口味。
糖果的選擇，是能耐烤溫不融化成漿的種類；
餅乾的選擇，是能耐烤溫不易出油汙染就可以。

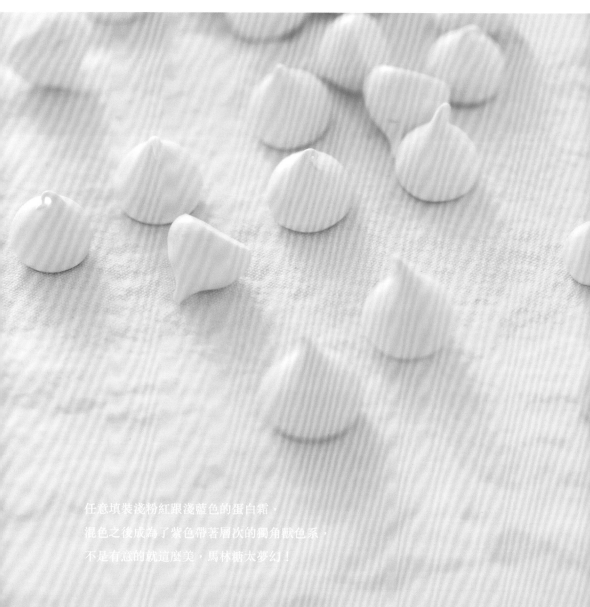

任意填裝淺粉紅跟淺藍色的蛋白霜，
混色之後成為了紫色帶著層次的獨角獸色系，
不是有意的就這麼美，馬林糖太夢幻！

對比色色膏塗刷在擠花袋的時候，
要注意兩色之間稍留距離，不要混色，
就能擠出分明且美麗的色紋。

打了一大份白色馬林糖，
分別裝進了塗刷不同色膏的擠花袋，
烤出一盤彩虹，送給最喜歡的你～

meringue for all year!

真的很喜歡這一粒！
好像馬戲團也像遊樂園，
滿足任何對於熱鬧的定義。

攝影師大哥說要來一點時尚的深灰，
使用竹炭粉是不錯的選擇，
如果需要些微紋路就不要全部拌勻，
它會留下類似大理石紋的效果喔。

萬一想要裂嘴笑但不方便，
就交給馬林糖代勞吧！
升高底火會造成馬林糖嘴裂耳根，
我覺得效果很可愛，請同好服用。

馬林糖裂開了！

傳統馬林糖是一種為了消耗多餘蛋白所製作的平易小點，用來搭配苦味咖啡或濃茶，或捏碎放在冰淇淋一起食用增加口感，或直接當小零嘴吃，所以對於造型的要求並不嚴苛，對裂紋／裂痕或表面的細緻程度容許度也很高，不會過度在意。

一般來說，裂開的常見原因多是消泡與溫度。消泡的影響是蛋白霜變得不穩定，無法在受熱時帶來均勻的整體承熱，就會在不均勻的某處裂出泄壓口，排除內部過大的壓力。

另一個影響是烤溫，偏高的溫度使蛋白霜過度膨脹，馬林糖被撐大裂開，因此如果想做出可愛的裂口，可以稍微增加底火的溫度，容易得到像是裂嘴笑的成品，比如在萬聖節的時候烤一盤橘色的裂底馬林糖，點上眼睛就可以有哈哈笑的鬼臉南瓜了！

粉藍雙色的迷你款！

這兩色簡言之就是不會失敗的少女色，

只要都調淺一點就天然夢幻。

套雙色的時候最容易成功的方式是各裝一管，

然後一起裝進另一管中擠，

一鼓作氣，用力均勻，方可練成。

深齒爪花嘴的姿態就像美麗女人，
因為中心份量極少，它不太能立正站好，
容易隨著左右用力程度的些微不同擺向一邊。
調成了薔薇黃配上迷你珍珠，
這是一個戴珍珠項鍊站在午後橋邊的黃色裙裝美人，
也可能是我打稿太久產生的幻想～

圓口花嘴在平面擠出一個「小」字，
倒過來就是一棵仙人掌了。
金色色粉加一點點酒，
畫上一些條狀代表它的刺。

看膩了圓圓或站著的馬林糖的話，
來點躺著的也可以。
我說它是手指泡芙、藍色手指，
應該是小精靈之類的手指。

花嘴拿 45 度角擠一個接一個，
好處是我們又多一種造型可以玩，
壞處是接合處記得豐厚一點，
不然拿起來的時候它們會立刻分手。

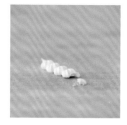

齒狀花嘴從中間開始擠往外繞一圈就叫玫瑰！
打出 meringue rose 關鍵字搜尋可以找到一堆，
我加了葉子，強迫看不出是玫瑰的人看出來。

馬林糖很常被做成森林裡的小蘑菇，
稍微組合一下，就從正常形狀變得意外討喜，
連放在桌邊都變了一個小小風景。

烤好一些半圓、與一些細長的馬林糖。　半圓狀沾取融化巧克力。　上下滴落多餘的份量。

Mushroom

蓋上一個細長型的菇梗。 稍待一下等巧克力定型。

magic forest

尺寸大一點點的馬林糖,變成裝禮物
的馬戲團帳棚。

沾一下就可以!粉彩馬林糖 vs. 融化
苦甜巧克力

苦甜巧克力風味再加上堅果的完美組合。

檸檬醬

蛋黃 1 個加糖 20 克，再加半顆檸檬汁
一起攪拌到糖融化，隔水加熱至整體
濃稠，試吃一下是否需要調整酸甜，
裝到玻璃罐裡冷卻，就是自製的檸檬
醬了。如果是要配馬林糖，酸一點會
更棒！

每次做馬林糖都會多出一個蛋黃，
用來調檸檬醬剛剛好～

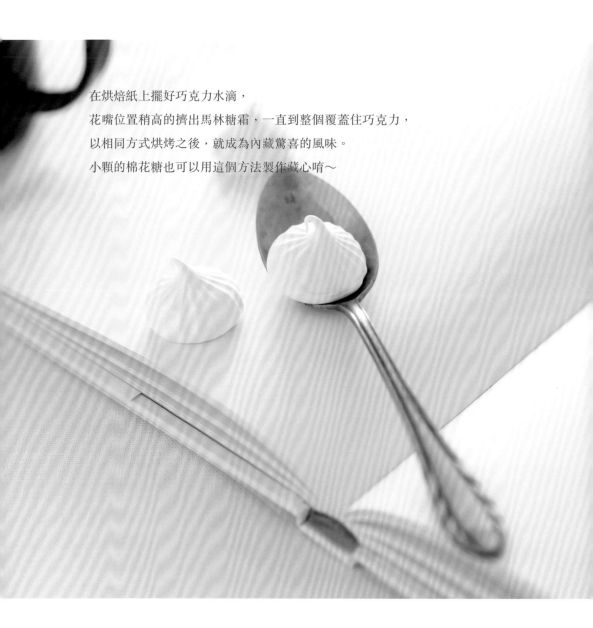

在烘焙紙上擺好巧克力水滴，
花嘴位置稍高的擠出馬林糖霜，一直到整個覆蓋住巧克力，
以相同方式烘烤之後，就成為內藏驚喜的風味。
小顆的棉花糖也可以用這個方法製作藏心唷～

沾取融化的巧克力，淋上或抹上装饰食用即可

red crane

由下而上畫出 *S* 形狀，收尾往 *S* 中間方向去。
末端的尖頭會成為紅鶴嘴巴，在起頭處稍微覆蓋擠出，
往尾巴方向，收尾出一個尖端。

齒爪比較深的花嘴總是讓我著迷，
一粒粒擠出來像是小淇淋，
編輯帶來了好可愛的甜筒搭配，
攝影師放倒一個它尖頭嗑斷了…
馬林糖很脆弱的，就跟女人一樣需要呵護。

定點擠出圓形頭部直到需要的大小。
手放鬆且上移花嘴。
尖勾會成為牠的角。
換上小型花嘴、擠出雙色棕毛。

擠出需要份量之後，手放鬆往旁邊拉開。
小心不要戳壞原本的頭部。
黏上糖片當作耳朵。
輕輕黏合就好不需要戳出大洞。

MI I UN CO N!

wreath

簡單的連續擠花造型可以做出圈狀成品。
純色的馬林糖花圈，用緞帶或皮繩裝飾就很耐看，
聖誕節時也可以掛在點滿燭光小燈的窗邊。

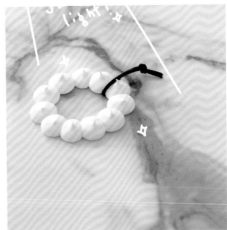

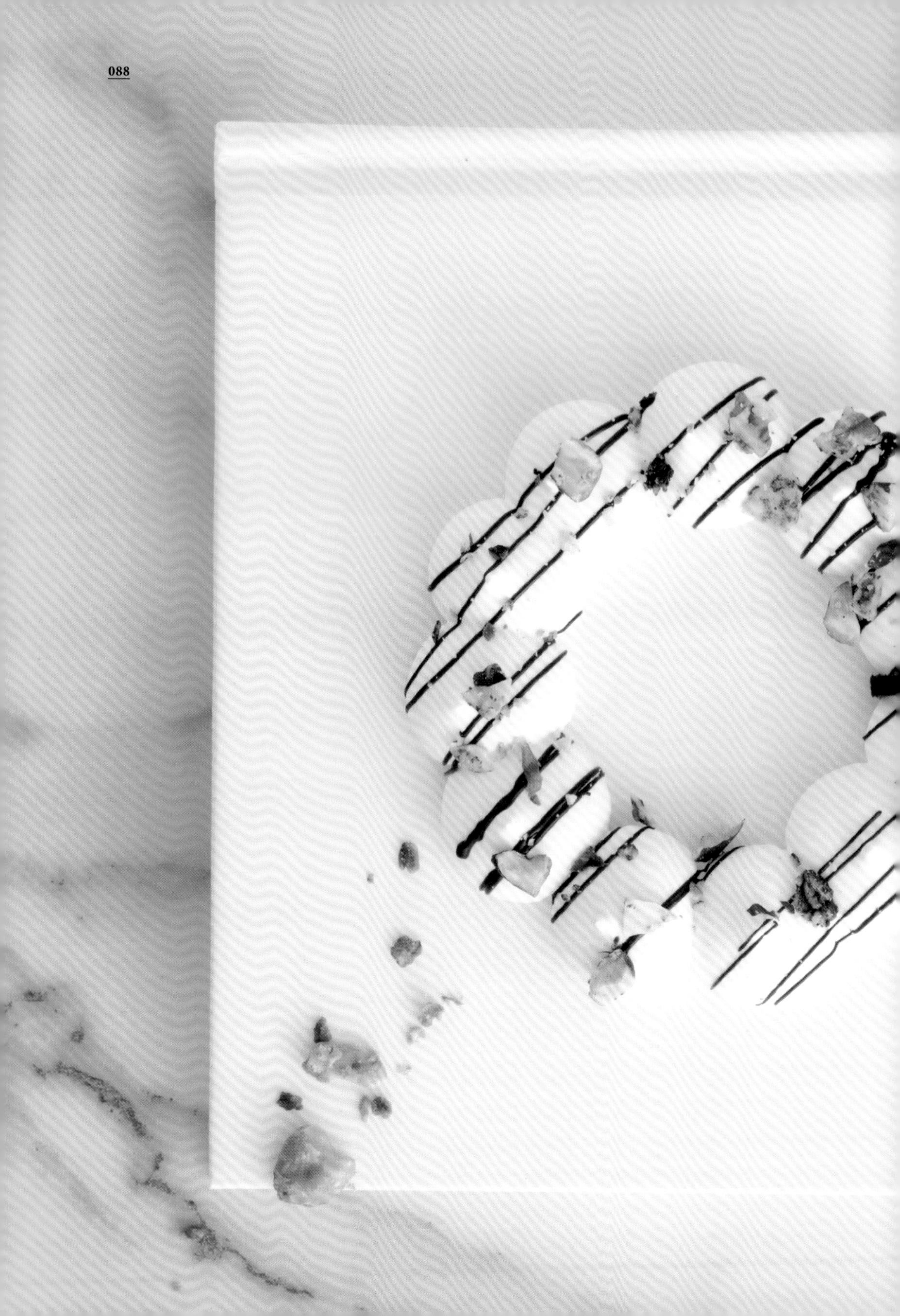

若為了口味或外觀進階裝飾也不麻煩，
各色的巧克力和各種堅果、果乾、彩糖，
可以混搭出非常熱鬧或者寧靜的結果，
是一個四季時節都很實用的呈現方式喔！

融化巧克力剪細口擠出。

趁未乾撒上綜合堅果碎。

以奶油霜或巧克力霜將馬林糖黏於蛋糕，
排列出喜歡的數量，稍微堆疊會更有立體感！
準備一些馬林糖的碎屑也非常可愛討喜，
連側面都可以撒上一些呢～

用來裝飾蛋糕！

書裡製作馬林糖的方式，
容易得到一層光滑堅實的外殼，
這樣的馬林糖相對不易受潮、黏手或融化，
適合裝飾蛋糕等室溫及冷藏冷凍甜點，
一起進出冰箱也能保持其形狀。

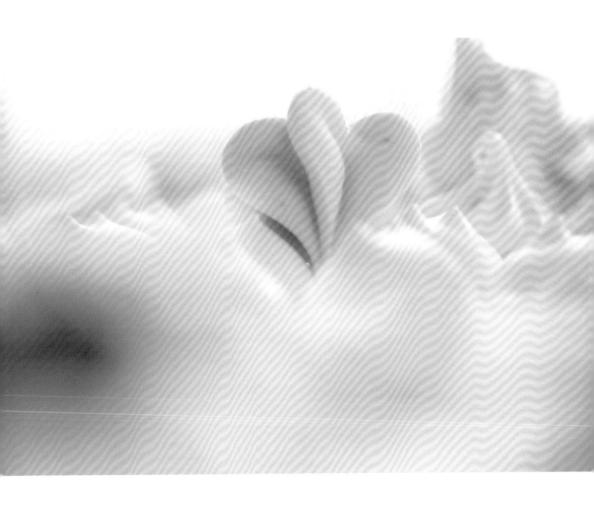

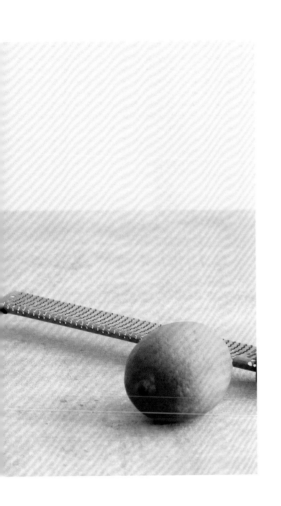

檸檬與馬林糖

高甜的馬林糖跟高酸芳香的檸檬是天作之合，不論是在蛋白霜中滴入些許檸檬原汁，或刨下檸檬外層綠皮的細絲或細碎拌入蛋白霜，帶來橘類天然精油既濃郁又清爽的風味。

滴入些許的檸檬汁因為酸鹼改變，有助於打發蛋白霜且得到更加細白的質地，但若加入超過承載的份量，反而會增快消泡速度，也讓表面光滑程度減低，在酸甜風味與操作控制間需要嘗試出適當的平衡。

一般榨完汁會拋棄的檸檬皮，事實上是馬林糖調味中最完美的配方材料，吃完後嘴裡餘韻的甜美香氛，就來自檸檬或柳橙這類柑橘外皮的精油。比較講究的作法是先將柑橘類的外皮刨成碎，加入糖裡面搓揉出香氣，才加進蛋白中使用，確保盡可能釋放最大的芳香程度。檸檬皮烘烤之後會由翠綠色轉為墨綠，柳橙皮則在烘烤前後都保持一樣的金黃色澤，可以視添加的需求作選擇。

酸味果餡

將馬林糖表面舀上一點果醬，
用竹籤任意混合之後一起烘烤，
會得到稍微黏牙的香甜果糖，
果醬若能帶酸就更棒了。

果醬馬林糖不需烘烤到整
個乾硬，留一些微軟內裡
會讓口感更迷人。

節慶馬林糖

馬林糖是馬卡龍的前身，
所以這樣的夾餡吃法也非常普遍。
若隨夾隨吃，
可加入奶油或甘納許帶有油分水分的餡料，
若是要製作起來放著慢慢吃，
就建議夾入易保存的餡料，例如巧克力，
才不會造成馬林糖的濕軟。
隨著季節使用不同的彩糖裝飾吧！

融化苦味巧克力，夾起兩個馬林糖，
整體撒上苦味可可粉，成為大人風
味的馬林糖。

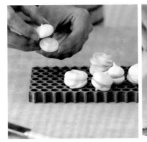

書裡我最喜歡的一群馬林糖！
其實只是夾著各□□□□□巧克力，
裝成一罐絕對能

把馬林糖擠成一個杯狀，
裝進任何喜歡的餡料吧！

比如檸檬無花果醬，
刨上一些皮絲讓香氣更清新。

把馬林糖頂部削出一個平面，
塗上些酸奶油，放上新鮮莓果，
使莓果陷入酸奶油，
蓋上另一片馬林糖，
裝飾焦糖醬與可可粉，
一口咬下吧！

MERRY
X'MAS!

小蜂窩手法（P.44）做出的聖誕樹。

在烘焙紙上寫一個米字，
撒上藍色裝飾糖去烘烤的雪花。

任意擠出一個開始，延續 z 字型的方向，做出底座。

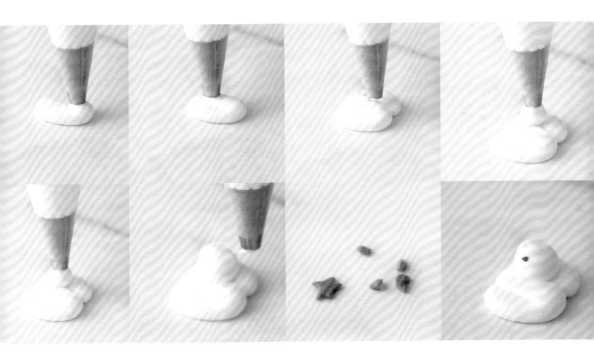

定點擠出一個開頭，增大到需要的尺寸，畫圓收掉避免尖頭。
剝碎星星糖片，當作雪人的鼻子。

收掉尖頭的手勢可以製作球狀圓頂成
品。收掉的重點是擠花的手放鬆不再
擠出蛋白霜，同時繞著圓頂抹掉，讓
本來會拉起尖勾的地方平貼於頂部。

將一整份的馬林糖打好之後，
拌入一些可可粉或直接舀上烤盤紙，
120 度烘烤 2 個小時左右，
外殼酥鬆硬脆，內裡仍帶有像棉花糖融化的口感。

淋上果醬、鮮奶油、冰淇淋或新鮮莓果，
全部敲碎一盤的混亂感覺就是命名來源，
是一盤甜蜜美好的混亂，
常見於英國鄉村飯後甜點。

ETON MESS

在一個大型馬林糖淋上鹽味焦糖，

加上一些打發的無糖鮮奶油，任意抹平其表面，

放點新鮮帶酸的覆盆子，整體再加上一些焦糖，

最後來點撥碎的馬林糖隨性裝飾。

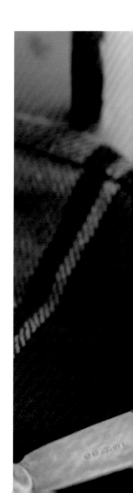

切開來享用吧！內裡是不可錯過的美好口感。

在一片馬林糖上擠出以黑
可可調味的無糖鮮奶油，
排放一層莓果。

疊上第二片糖及鮮奶油，
再繼續增加不同的莓果，
疊上頂層之後撒放堅果，
就是多重口感的午茶馬林
派。

疊疊馬林派！

將馬林糖擠成片狀的烘烤方式，
可得到徹底烘乾完全鬆化的結果。
搭配微苦口味的鮮奶油以及多汁的草莓藍莓，
最後再以烤過的堅果碎片增加香氣。

Bake
for
happiness!

Kokoma
的
意猶未盡
實做課

Join meringue class !

看完了整本書，不知道大家對馬林
糖的瞭解是不是有多一些呢，只需
要蛋白跟糖就能做出的夢幻感小甜
食，一起動手做吧！

這邊挑選了水滴造型，顏色也以最
受到喜愛的粉色渲染，帶著獨角獸
風格的基本款，當然大家也可以隨
喜好換上其他花嘴及顏色，馬林糖
怎麼做都會很討喜的。

材料比例則按照前面篇章說明，常
見是 1:1～ 1:3 間，新手建議採用糖
量較高的比例，因為糖能帶來相對
穩定的效果，成功率會大增喔。

Let's do it!

01. 準備好新鮮蛋白跟糖粉。02. 把兩者放在一起。03. 準備一把小刮刀。04. 蒸氣加熱攪拌。05. 一直到糖全部溶解。06. 離火後待稍降溫。07. 開始打發。08. 蛋白霜會慢慢起泡。09. 繼續打會增稠。10. 越打發越濃。11. 漸漸不滴落了。12 繼續打發。13. 直到能立起軟勾。14. 將碗邊整理回來以免乾掉。

15. 將份量分成兩碗，滴入顏色。16. 攪拌到顏色均勻。17. 準備花嘴和擠花袋。18. 將擠花袋立於杯中。19. 隨機舀入兩色。20. 直到全部裝完。21. 將蛋白霜集中前推。22. 夾好袋口。23. 四角沾蛋白霜黏住烤紙。24. 垂直擠出之後放鬆上拉。25. 每個之間需留距離。26. 放入預熱 90 度的烤箱中層。27. 烤焙到底部乾爽是基本的出爐判斷。28. 成品光滑不黏手。29. 收穫馬林糖的時間。30. 馬林糖，完成！

◆ 馬林糖的小小奇想

除了用花嘴擠出單個之外，用堆疊的方式可以做出更多可能，雖然黏黏的蛋白霜只能用擠的，無法用手去捏揉造型，但善用大小花嘴去搭配，簡單的形狀也可以帶來驚喜的效果，為生活加入更多歡樂的小熱鬧。

一直很喜歡童話元素，就挑了三個主題，用最簡單的疊法做了出來，雖然不論小孩小姐或公主都變成矮胖版，但裝成一罐送給朋友時，仍然得到驚呼馬林糖也可以這麼童話，就好想也放在這邊跟大家分享 ^^

小紅帽的擠法是先做一個基本水滴，再疊上一個偏小的水滴，然後使用調成膚色的蛋白霜畫出一個圓形當作臉，最後擠上褐色瀏海一起烤。

注意臉不要擠得太厚，份量過多可能會滑落或下垂。小樹木則是套上齒狀花嘴的基礎造型，但兩個配好色就很有主題。

因為樹木好茂盛，小紅帽在森林裡迷路了，
於是精靈們讓灌木叢乖乖的排好隊，一路指向外婆家的方向。

一個水藍色水滴基座當成愛麗絲的
裙裝，用白色畫出小圍裙，擠出一
個膚色水滴當作臉，以黃色做出過
肩長度的頭髮，還有中分瀏海，最
後用黑色往上拉出小尖角做成髮飾
上的蝴蝶結。

注意頭髮的平衡，如果後面擠得太
多瀏海太短，可能會造成頭部歪斜
或傾倒。撲克牌是將白色蛋白霜平
塗於烘焙紙上，再用黑／紅色畫出
符號。

愛麗絲在紅心皇后的城堡學會撲克牌，回家後跟社區的爺爺奶奶一起玩，
籌碼是加了藍莓跟小紅莓的糖霜甜甜圈唷！

黃色水滴基座先擠出來,用藍色
擠一層的身體,擠出膚色水滴當
作頭,再擠出黑色短髮,最後用
紅色做出頭上的蝴蝶結。

蘋果的作法是擠出一個紅色矮胖
水滴,用小餅乾當作果梗搓進去,
再擠上綠色小葉子就完成囉。

白雪公主跟小矮人說想種出好吃的蘋果,於是矮人們四處找果苗回來研究,
終於收成了第一批果實～

寫到第 6 本書了，一本書的價值是什麼呢？自己是不是真的把會的一點沒漏裝進書裡呢？翻閱書的人們有得到需要的資訊嗎？最大的重點是，有帶來烘焙的單純開心嗎？真的好希望有，因為這個就是做書的最大動力呀。

　　從第一本書，出版真的是個可愛的意外，不知道哪裡來的信心，答應了要出一本基礎糖霜書，那時候我非常緊張，從出版準備的連續熬夜，到拍攝成品期間要隨時補做東西，接著黑眼圈趕著內文的稿子，全部交稿完畢之後睡了大概三四天，上市之後又開始擔心它可能沒人買而失眠……

　　意外的我開始收到很多很多回饋，好多的留言好多的訊息，好多好多不認識的人傳來他們跟書的合照，還有照著書裡方法做出的成品，附上自己竟然做出來了的驚喜開心，到那個時候我發現自己原來擁有讓人開心的能力，不是精美的作品也不是條理的內容，而是真的好喜歡烘焙而且寫進了書裡的熱情。

每個人做事情都會有一個最大動力，我的最大動力就是有人開心，買不到的開心是我覺得最珍貴的禮物。可能是個性使然也可能是以前長年處在餐飲業，總希望自己的食物讓人點頭享用，希望不管進門時候心情如何，最後都是開心笑著離開店裡，像是一個充電站一樣，讓生活忙碌的人們休息一下下，充滿電力再繼續出發。

　　一本又一本書的回饋，成了我的動力來源，實體小店每天只能充電幾個客人，飛往各地的書卻沒有時差的療癒更多更多，收到各國訊息，雖然用軟體翻譯信件辭意總是不太通順，但雀躍開心是不需要翻譯的。

　　由衷希望這本書也能讓喜歡馬林糖的你／妳感受到我製作的真心，更希望你／妳能製作出屬於自己的馬林糖，不論大小顏色形狀，它都會是最可愛心意的禮物！

thank you for having this book :)

Oh!
Kokoma

馬林糖奇想
meringue

作　　者	Kokoma
插　　畫	Kokoma
攝　　影	王正毅
美 術 設 計	王韻鈴
社　　長	張淑貞
副 總 編 輯	許貝羚
編 輯 協 力	陳安琪、謝采芳
行 銷 企 劃	曾于珊

國家圖書館出版品預行編目 (CIP) 資料

Oh Meringue!Kokoma 馬林糖奇想 / Kokoma 著 . -- 初版 .
臺北市 : 麥浩斯出版 : 家庭傳媒城邦分公司發行 , 2017.1
　面 ;　公分
ISBN 978-986-408-324-4(平裝)
1. 點心食譜
427.16　　　　106017055

發 行 人　何飛鵬
事 業 群 總 經 理　李淑霞
出　　　版　城邦文化事業股份有限公司麥浩斯出版
地　　　址　104 台北市民生東路二段 141 號 8 樓
電　　　話　02-2500-7578
傳　　　真　02-2500-1915
購 書 專 線　0800-020-299

發　　　行　英屬蓋曼群島商家庭傳媒股份有限公司
城邦分公司
地　　　址　104 台北市民生東路二段 141 號 2 樓
電　　　話　02-2500-0888
讀 者 服 務 電 話　0800-020-299
　（9:30AM~12:00PM；01:30PM~05:00PM）
讀 者 服 務 傳 真　02-2517-0999
讀 這 服 務 信 箱　csc@cite.com.tw
劃 撥 帳 號　19833516
戶　　　名　英屬蓋曼群島商家庭傳媒股份有限公司城邦分公司
香 港 發 行　城邦〈香港〉出版集團有限公司
地　　　址　香港灣仔駱克道 193 號東超商業中心 1 樓
電　　　話　852-2508-6231
傳　　　真　852-2578-9337
E m a i l　hkcite@biznetvigator.com

馬 新 發 行　城邦〈馬新〉出版集團 Cite(M) Sdn Bhd
地　　　址　41, Jalan Radin Anum, Bandar Baru Sri Petaling,5700
Kuala Lumpur, Malaysia.
電　　　話　603-9057-8822
傳　　　真　603-9057-6622

製 版 印 刷　凱林印刷事業股份有限公司
總 經 銷　聯合發行股份有限公司
地　　　址　新北市新店區寶橋路 235 巷 6 弄 6 號 2 樓
電　　　話　02-2917-8022
傳　　　真　02-2915-6275
版　　　次　初版 1 刷 2017 年 10 月
　　　　　　初版 8 刷 2019 年 12 月
定　　　價　新台幣 360 元 / 港幣 120 元